MANUEL

DU

MATELOT-PLONGEUR

ET

INSTRUCTIONS

SUR

L'APPAREIL PLONGEUR

ROUQUAYROL-DENAYROUZE

BASSE PRESSION

PAR

A. DENAYROUZE

Lieutenant de Vaisseau

Publication autorisée par Son Excellence le Ministre
de la Marine et des Colonies.

PARIS

3, BOULEVARD DU PRINCE-EUGÈNE, 3

1867

V

MANUEL

DU

MATELOT PLONGEUR

MANUEL

DU

MATELOT PLONGEUR

ET

INSTRUCTIONS

SU

L'APPAREIL PLONGEUR

ROUQUAYROL-DENAYROUZE

BASSE PRESSION

3194

PAR

A. DENAYROUZE

Lieutenant de vaisseau.

Publication autorisée par S. Ex. le Ministre
de la Marine et des Colonies

PARIS

3, BOULEVARD DU PRINCE EUGÈNE, 3

1867

DESCRIPTION DÉTAILLÉE

DE

L'APPAREIL PLONGEUR

— oo৹০৹oo —

POMPE A AIR.

La pompe à air a le piston fixe et le corps de pompe mobile (fig. 1).

Le piston se fixe sur la plaque de fondation par une chape et un boulon.

GARNITURE. — La garniture du piston se compose d'une bague en cuivre qui se fixe sur le piston, et d'un cuir dur embouti. Le cuir est taillé en biseau. L'eau aspirée par la pompe en même temps que l'air vient faire coin entre la bague et le cuir, et forme un joint hydraulique. La bague est fixée, ainsi que le cuir, sur la base du piston par les boulons en cuivre.

Soupape du piston. — La soupape du piston est en cuivre ; sa course est limitée par un butoir placé au bas de sa tige. Cette soupape peut être visitée en enlevant la goupille qui sert de buttoir.

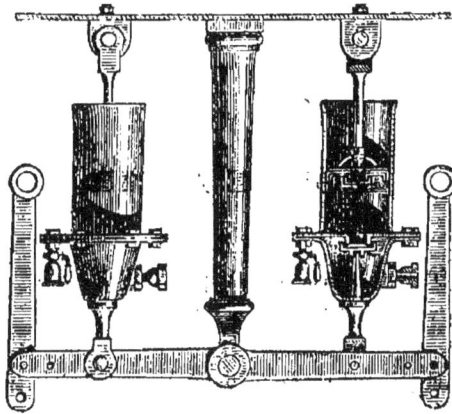

Fig. 1. — Pompe à air.

Le corps de pompe, qui est mobile, est en cuivre, parfaitement alézé à l'intérieur ; il est surmonté du chapeau, avec lequel il est réuni au moyen d'un joint horizontal en caoutchouc.

Le chapeau porte une soupape semblable à celle du piston. Elle va butter par sa partie supérieure, comme on le voit sur la figure, contre la tige de la chape du chapeau. Sur les bouts filetés se vissent les tuyaux d'arrivée d'air.

GODETS. — Les Godets sont en cuivre et semblables aux godets graisseurs des machines. Ils servent à injecter de l'eau dans l'intérieur du corps de pompe pour obtenir un joint hydraulique.

BALANCIERS. — Ils sont en fer forgé, et formés de deux parties réunies et fixées par des boulons coniques.

COLONNE. — La colonne en fonte sert d'axe au mouvement des balanciers.

La plaque de fondation porte 4 oreilles qui servent à fixer la pompe, soit par des tire-fonds, soit en plaçant sur ces oreilles des poids tels que des gueuses ou des paquets de mitraille. Les pistons ont 0^m,100 de diamètre et 0^m,150 de course. La pompe débite 81 litres d'air, à 35 coups de piston par minute.

TUYAUX DE CONDUITE D'AIR.

L'air est envoyé de la pompe aux réservoirs-régulateurs par des tuyaux en caoutchouc revêtus d'une forte toile. Ces tuyaux se fixent sur les appareils et la pompe par des raccords coniques.

La douille sur laquelle est fixé le tuyau se termine par un tronc de cône qui entre dans une partie ménagée dans l'intérieur de la partie filetée. En vissant l'écrou sur cette partie filetée, on fixe les deux cônes l'un sur l'autre, et l'on obtient ainsi un bon joint.

FOURCHE. — Une fourche en cuivre réunit les deux branches des tuyaux qui partent de chaque corps de pompe.

MANOMÈTRE. — Au centre de la fourche se fixe le petit manomètre, dont l'aiguille sert aux pompeurs pour conserver l'excès de pression nécessaire dans les réservoirs-régulateurs.

Le manomètre est gradué en mètres de profondeur; il porte un boîtier qui préserve le verre des chocs.

RÉSERVOIR-REGULATEUR.

Le réservoir-régulateur se compose de
deux parties :

Le réservoir d'air ;

La chambre à air.

RÉSERVOIR D'AIR. — Le réservoir d'air est

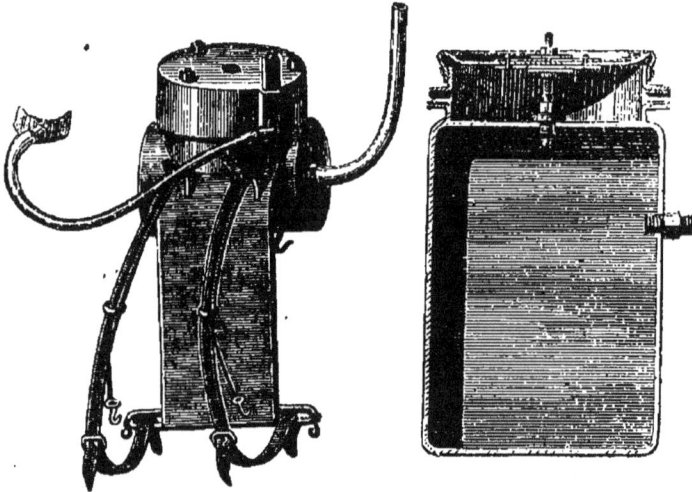

Fig. 2. — Réservoir-régulateur.   Vue intérieure.

en tôle d'acier ou de fer d'une très-grande
résistance. L'air y arrive par une pièce en
cuivre vissée dans une partie taraudée sur
le côté du régulateur.

1.

Le réservoir est aussi taraudé pour recevoir la soupape intérieure ou de distribution d'air.

Pour empêcher l'oxydation, il est étamé à l'intérieur.

Le réservoir porte, rivés à la partie inférieure, les crochets qui supportent le plomb de dos de 7 kil. destiné à lester le plongeur.

CHAMBRE A AIR. — La chambre en tôle plus légère est fixée sur le réservoir d'air comprimé.

La chambre à air est étamée à l'intérieur. Elle porte le tuyau en fer étamé, sur lequel est fixé le tuyau de respiration.

COUVERCLE DE LA CHAMBRE A AIR. — La chambre à air est recouverte, lorsque l'appareil fonctionne, par le couvercle qui préserve la calotte et la soupape d'expiration des chocs. Le couvercle est en fer; il est fixé par 3 boulons sur la chambre.

SOUPAPE DE DISTRIBUTION D'AIR. — La soupape de distribution d'air est en bronze d'aluminium.

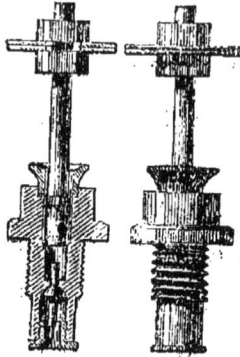

Fig. 3. — Soupape de distribution d'air.

Elle se compose :

1° Du corps de la soupape ;

2° Du clapet et son bouton ;

3° De la tige, son buttoir, son bouton, ses écrous et ses rondelles.

CORPS DE LA SOUPAPE. — Le corps de la soupape se compose à l'extérieur d'une partie filetée qui se visse dans le réservoir d'air.

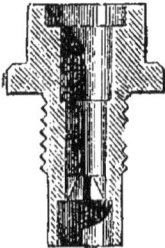

Fig. 4. — Corps de la soupape.

D'une embase placée au-dessus de la partie filetée qui sert à serrer le joint en cuir.

La partie à six pans sert de point d'appui à la clef pour serrer ou dévisser la soupape,

L'intérieur du corps est fileté à sa partie inférieure pour recevoir le bouton du clapet.

Au-dessus se trouve la partie pleine qui sert de siége au clapet lorsque la soupape intercepte toute communication entre le réservoir et la chambre à air.

Dans la partie pleine qui suit, sont percés quatre trous, ou rainures, symétriquement placés qui permettent le passage de l'air autour du guide du clapet.

CLAPET. — Le clapet a la forme d'un tronc de cône terminé par deux petites tiges cylin-

Fig. 5. — Clapet.

driques qui glissent dans le petit cercle placé au centre des rainures du corps de la soupape et du bouton du clapet.

Le clapet porte au-dessous de sa base un petit ressaut d'un demi-millimètre d'épaisseur.

Fig. 6. — Bouton du Clapet.

Le bouton du clapet termine la soupape à sa partie inférieure; il est percé de quatre rainures pour le passage de l'air, et garni d'un grillage en toile métallique qui tamise l'air.

Tige. — La tige qui porte le plateau est cylindrique à la partie inférieure, et filetée à pans carrés à la partie supérieure.

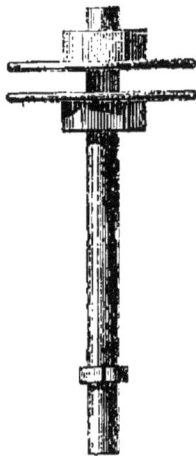

Fig. 7. — Tige.

La partie cylindrique porte des rainures longitudinales pour faciliter l'écoulement de l'air dans la chambre à air.

Buttoir. — Elle porte un renflement concentrique, percé de rainures, qui sert de buttoir et limite la course en appuyant soit sur la partie pleine du corps de la soupape, soit sur le bouton de la tige.

BOUTON DE LA TIGE. — Le bouton de la

Fig. 8.—Bouton de la tige.

tige se visse dans la partie supérieure du corps de la soupape; il sert à limiter la course du plateau. Le bouton est percé de quatre rainures pour laisser un libre passage à l'air.

RONDELLES ET ÉCROUS DE LA TIGE. — Sur la partie filetée à pans carrés de la tige, se placent les deux rondelles et les deux écrous qui serrent le plateau.

Entre les deux rondelles en cuivre se trouvent deux rondelles en caoutchouc pour faire joint sur le plateau et interdire toute entrée à l'eau.

PLATEAU. — Le plateau est formé de deux cercles métalliques serrant la calotte de caoutchouc. Les deux cercles sont réunis par des vis étamées.

CALOTTE. — La calotte est en caoutchouc très-pur; elle est fixée sur le plateau par les vis.

CERCLE DE SERRAGE. — Un cercle de ser-

rage en cuivre, dont les segments sont réunis
par un boulon et un écrou, relie hermétiquement la calotte aux parois verticales de la
chambre.

EMBOUT DES TUYAUX DE RESPIRATION ET
DE LA SOUPAPE D'EXPIRATION. — Sur la
chambre à air sont soudés les tuyaux en fer
étamé, sur lesquels se placent le tuyau de respiration et la soupape d'expiration.

BRETELLES. — Le réservoir-régulateur
porte près de la chambre à air des boucles
pour fixer les bretelles qui servent à charger
l'appareil sur le dos du plongeur.

On fixe en outre, à ces boucles, les petites
bretelles terminées par un crochet qui servent à supporter les chaînes des plombs de
côté, lorsque le plongeur descend sous l'eau
revêtu de l'habit en caoutchouc.

TUYAUX DE RESPIRATION. — Lorsqu'on
plonge sans habit, on place sur l'embout en
fer le tuyau de respiration en caoutchouc
très-souple. Ce tuyau se fixe d'un autre côté
sur le bec métallique du ferme-bouche.

Lorsqu'on plonge avec l'habit en caoutchouc, on emploie le second tuyau de respiration. Ce tuyau proprement dit se compose de deux parties : l'une, placée à poste fixe sur le masque et portant un écrou ; la deuxième, placée sur l'embout du régulateur et portant la partie filetée qui, se vissant dans l'écrou du tuyau du masque, donne un joint hermétique.

FERME-BOUCHE ET SON BEC. — Le ferme-bouche est une simple feuille de caoutchouc moulé ; dans la partie cylindrique se place le bec métallique destiné à le fixer au tuyau de respiration. Les deux appendices venus au

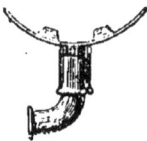

Fig. 9.
Ferme-bouche
et son bec.

moulage sur la face arrière du ferme-bouche, servent à le saisir avec les dents.

PLOMB DE DOS. — Le plomb de dos, de forme rectangulaire, se croche à la partie inférieure du réservoir-régulateur, et leste le plongeur, qu'il descende avec ou sans habit.

Dans quelques cas rares, on ne l'emploie

pas. (Voir Instruction et formation des plongeurs).

Soupape d'expiration. — La soupape d'expiration se compose de deux feuilles minces de caoutchouc collées dans le sens de la longueur.

Fig. 10. — Soupape d'expiration.

ACCESSOIRES.

Les accessoires de l'appareil sont :

Le pince-nez ;
Les souliers ;
L'habit.

Pince-nez. — Le pince-nez est en cuivre ; il se compose de deux branches formant ressort, réunies par une charnière. Les branches sont terminées par deux pelotes sur lesquelles se fixent des rondelles en caoutchouc qui s'emmanchent à frottement. Une vis de pression, placée à la partie supérieure, sert à donner le serrage

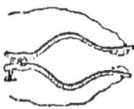

Fig. 11. — Pince-nez.

qui convient à chaque plongeur. Les cordons du pince-nez se nouent derrière la tête, pour l'empêcher de se perdre s'il vient à glisser sur les narines.

PINCE-NEZ EN CAOUTCHOUC. — Lorsqu'on plonge avec habit, on emploie, si on le préfère, le pince-nez en caoutchouc, simple feuille de caoutchouc très-mince ayant la forme du nez. L'aspiration fait coller immédiatement cette feuille mince sur le nez et empêche de respirer l'air de l'habit, et ce pince-nez ne s'oppose pas à ce que l'on verse à volonté, par l'expiration, l'air qui sort des poumons, dans l'habit. (Ce pince-nez ne sert que pour l'instruction des hommes, et les plongeurs ne s'en servent jamais dans la pratique.)

SOULIERS EN PLOMB. — Les souliers sont

Fig. 12. — Souliers.

faits en cuir souple. A la semelle est rivée, avec des clous en cuivre, une semelle de plomb du poids de 10 kilog.

Le costume, destiné à protéger le plongeur contre le contact de l'eau, se compose de deux parties :

L'habit proprement dit, en caoutchouc;

Le masque métallique.

HABIT EN CAOUTCHOUC. — L'habit est en toile imperméable très-forte, mais très-souple. Il est terminé aux poignets par des manches en caoutchouc pur, et au cou par une collerette en fort tissu élastique, recouvert des deux côtés de caoutchouc pur. Cette collerette sert à faire un joint hermétique sur le bord du masque au moyen du cercle de serrage.

BRACELETS. — Les manchettes sont serrées au poignet au moyen de bracelets en caoutchouc, qui interceptent le passage de l'eau dans les manches de l'habit.

MASQUE. — Le masque est en cuivre embouti; il est garni à l'intérieur d'une feuille de caoutchouc faisant ressort et protégeant la tête contre les chocs. Il porte :

Masque.

La glace et sa monture ;
Le robinet d'évacuation d'air ;
Les crochets des plombs de tête ;
La garniture en caoutchouc ;
Le tube courbe de respiration.

GLACE. — La glace protégée par le grillage en cuivre se visse dans la monture soudée sur le masque, deux points de repère indiquent le commencement du pas de vis.

Les boutons servent à visser et dévisser la glace.

La rondelle en cuir fait hermétiquement le joint.

ROBINET D'ÉVACUATION D'AIR. — Ce robinet sert à vider le trop-plein d'air de l'habit. Un ergot, placé sur le boisseau du robinet, indique au plongeur s'il est ouvert ou fermé en grand.

CROCHETS DES PLOMBS DE TÊTE. — Au sommet du masque sont rivés les deux crochets où se placent les plombs de tête.

GARNITURE EN CAOUTCHOUC. — Le masque est terminé par une gorge circulaire, remplie par une garniture en caoutchouc pur. La collerette de l'habit se place par-dessus cette gorge; et, sous la pression du cercle de serrage, la collerette et la garniture donnent un joint hermétique.

TUBE COURBE DE RESPIRATION. — Sur le côté gauche du masque est soudé un bout en fer étamé qui porte d'un côté le tube de respiration extérieur au masque, et de l'autre le tube courbe de respiration intérieur.

Ce tube courbe est fixé d'un côté par une ligature en fil ou en laiton sur l'embout, et de l'autre, porte une petite pièce métallique qui sert à placer le ferme-bouche.

Chaque plongeur peut, au moyen d'un pas de vis, y adapter son ferme-bouche.

CERCLE DE SERRAGE. — Le cercle de serrage est en cuivre. Il sert à faire le joint de l'habit et du masque au moyen de deux segments qui se croisent sous la pression d'un boulon et d'un écrou serrant par deux fortes pattes sur le cercle de serrage.

L'emploi de l'habit exige une surcharge de poids qui se compose :

DES PLOMBS DE COTÉ. — Ces plombs s'accrochent horizontalement par des bretelles, aux crochets placés à la base de la plaque du réservoir – régulateur. Ils sont maintenus dans cette position par les crochets des petites bretelles des plombs de côté, qui s'accrochent dans un des anneaux de la chaîne la plus longue du plomb de côté.

Plomb de côté.

Un anneau rivé à chaque plomb permet

de les réunir par un bout de filin et de leur ôter tout mouvement de ballottement.

PLOMBS DE TÊTE. — Les plombs de tête se fixent aux crochets placés sur le sommet du masque ; une petite chaîne passant sous la patrie inférieure du masque, les réunit, et leur ôte tout mouvement de ballottement.

Plomb de tête.

MONTAGE DE L'APPAREIL

—

ÉQUIPEMENT DU PLONGEUR

—

POMPE. — Pour se servir de la pompe, remplir les godets d'eau et donner quelques coups de balancier; injecter l'eau, lorsque le piston aspire, absolument comme dans un cylindre de machine à vapeur et charger ainsi d'eau les pistons.

On reconnaît que les pistons sont noyés lorsque l'eau est entraînée au dehors des bouts taraudés sur lesquels se vissent les écroux des tuyaux.

Si le cuir est très-sec, passer le doigt entre le biseau du cuir et la bague en cuivre, et l'élargir pour faciliter l'introduction de l'eau.

La pompe peut fonctionner instantanément

sans ces précautions; mais, pour éviter toute fuite d'eau, il est bon que les cuirs soient imbibés et que l'on ait de l'eau au-dessus des pistons pour obtenir une ferme-ture hydraulique.

Un bon état d'entretien de la pompe a une grande influence sur la facilité du travail. Il arrive quelquefois qu'un peu d'eau se perd et est entraînée dans le régulateur : il peut se faire alors que l'air fuie à travers le cuir et le corps de pompe. On reconnaît que ce fait se produit au bruit que fait l'air en s'échap-pant. Il n'y a qu'à injecter un ou deux go-dets d'eau pour avoir de nouveau une ferme-ture hydraulique; il ne faudrait pas non plus injecter trop d'eau; il est évident que la pompe verserait cette eau dans le réservoir-régulateur, qui se remplirait et distribuerait de l'eau, au lieu d'air, au plongeur.

Les pompeurs ne doivent donc injecter de l'eau que sur l'ordre du quartier-maître, ou du sous-officier qui dirige le travail. Ce dernier n'en fait injecter que s'il entend une fuite. Si le chapeau de l'un des corps de

2

pompe s'échauffait trop, un ou deux godets d'eau le refroidiraient immédiatement.

TUYAUX D'ARRIVÉE D'AIR. — Visser les raccords sur les bouts filetés de la pompe, donner quelques coups de balancier pour vérifier que l'air circule bien. Boucher les tuyaux avec le doigt quelques instants, s'assurer qu'il n'y a aucune fuite aux différents joints coniques, visser les tuyaux sur le régulateur.

MONTER LE RÉGULATEUR.

SOUPAPE EN ALUMINIUM. — Visiter la soupape en bronze d'aluminium. Voir que les diverses parties en soient propres, les essuyer au besoin, toujours avec un linge sec.

Visser la soupape de distribution d'air, veiller à ce que les boutons du clapet et de la tige soient bien vissés à fond. Mettre en place le cercle de serrage, la soupape d'expiration ; s'assurer, en soufflant et aspirant alternativement dans le tuyau de respiration, que la calotte est bien montée.

S'il èn est ainsi, s'il y a suffisamment de jeu dans la calotte, on ne doit pas entendre gripper la tige dans son mouvement alternatif. Le plus léger souffle doit faire librement monter et descendre le plateau.

Cette recommandation est importante pour éviter toute fatigue dans le cas de travail d'une durée de 5 à 6 heures sous l'eau.

Soupape d'expiration. — La soupape d'expiration se place sur le tuyau destiné à la recevoir. On élargit avec les doigts la base cylindrique en caoutchouc, en évitant de faire force avec les ongles. Cette recommandation est une règle générale pour le caoutchouc.

Éviter pour ce dernier tout tranchant, tout angle aigu. Avec cette précaution, les objets en caoutchouc vulcanisé se conservent très-longtemps. L'élasticité du caoutchouc fournit un bon joint. Ajouter par surcroît de précautions une ligature de fil à voile.

Faire la ligature du tuyau de respiration

que l'on doit employer suivant que l'on descend sans habit ou avec habit.

Mettre en place le couvercle.

Visser les écrous qui fixent les tiges inférieures du couvercle aux pitons de la chambre à air.

Engager la soupape d'expiration dans la cheminée en fer qui la protége de tout choc.

S'assurer en soufflant par le tuyau de respiration que cette soupape joue très-*librement*. Si on ne l'engage pas facilement du premier coup, dévisser les écrous qui tiennent la partie supérieure du couvercle.

Ce placement de la soupape d'expiration de manière à ce que le moindre souffle la fasse jouer est *très-important;* sans ce soin, l'expiration de l'air respiré deviendrait fatigante.

L'appareil étant ainsi complétement monté, le charger sur le dos du plongeur.

POMPER. — Il peut se faire que la pression sur la soupape intérieure ne fasse pas fermer hermétiquement cette dernière, qui a à soulever le poids de la tige du plateau et de la calotte en caoutchouc. Il y a alors une fuite constante par le tuyau de respiration. On peut la faire cesser immédiatement en soulageant le plateau avec la main au moyen de l'écrou de la tige, ou bien en soufflant dans le ferme-bouche et forçant ainsi le plateau à remonter. Une fois le poids du plateau surmonté, la soupape de distribution d'air ferme hermétiquement. Une petite fuite n'aurait aucune importance.

Le régulateur placé sur le dos, veiller (si le tuyau de respiration est celui qui sert à plonger sans habit) à ne pas avoir de courbe trop brusque qui arrêterait la circulation de l'air. Du reste, la longueur et la position du tuyau sont calculées de manière à éviter ces inconvénients. Le régulateur doit être placé sur le dos le plus haut possible.

BRETELLES. — Les bretelles doivent pouvoir se déboucler facilement au fond de l'eau.

TUYAU DE RESPIRATION. — Le tuyau de respiration passe par-dessus l'épaule gauche.

2.

FERME-BOUCHE. — Le ferme-bouche est découpé avec des ciseaux, une fois pour toutes, pour chaque plongeur suivant les dimensions de sa bouche; il se place entre *les lèvres et les dents*. Ces dernières serrent les deux appendices ménagés près du trou d'arrivée d'air. Le ferme-bouche qui fait joint sur les dents est ainsi fortement maintenu, au moment de l'expiration, par les lèvres et les dents. Si l'on plonge avec l'habit, on peut facilement quitter et reprendre le ferme-bouche qui doit être découpé tout petit.

PINCE-NEZ. — Placer le pince-nez : le plongeur cherche avec ses deux doigts la place où les pelotes du pince-nez boucheront le plus complétement ses narines; il met le pince-nez à la place de ses doigts, puis il règle avec la vis de pression le serrage des pelotes de manière à boucher hermétiquement le nez. Il s'aperçoit en aspirant et expirant une ou deux fois qu'une obturation complète est obtenue; lier les cordons derrière le cou.

Mêmes recommandations pour le pince-
nez en caoutchouc.

SOULIERS. — Fixer les courroies des souliers et assurer autour de la cheville, en le
faisant passer dans l'œil de l'épissure, le bout
de ligne du talon.

Les recommandations qui précèdent suffi-
sent pour l'équipement du plongeur sans
habit.

HABILLER LE PLONGEUR.

ENDOSSER L'HABIT. — Le plongeur entre
dans l'habit par l'ouverture de la collerette
élastique. Il met d'abord les deux jambes,
puis le corps, et en dernier lieu les bras.
Il peut élever les bras en l'air pour faciliter
l'introduction de son corps dans l'habit.

Mettre les bracelets.

METTRE LE MASQUE. — Le plongeur met
d'abord le pince-nez en caoutchouc, s'il a
l'habitude de s'en servir. (Voir Instruction et
formation des plongeurs.) Il place le masque

sur la tête, et l'aide qui l'habille fait passer la collerette de l'habit par-dessus la gorge en caoutchouc du masque.

Mettre, ensuite, par-dessus la collerette en caoutchouc, le cercle de serrage. Serrer fortement le boulon et obtenir un bon joint.

Placer le régulateur sur le dos.

Boucler les bretelles.

Visser l'écrou du tuyau de respiration.

Crocher le plomb de dos.

Crocher les plombs de côté.

Visser la glace.

Crocher les plombs de tête.

Il est important de bien suivre cet ordre d'habillement; on ne fatigue pas le plongeur, et des matelots exercés doivent habiller et mettre à l'eau un plongeur dans trois minutes.

Pour déshabiller le plongeur, suivre l'ordre inverse :

1° Ouvrir le robinet du masque.

3° Dévisser la glace.

3° Enlever les plombs de tête, de côté et de dos.

4° Dévisser les écrous du cercle de serrage et du régulateur, et enlever le masque et le réservoir-régulateur.

5° Enlever l'habit : dans ce but retirer les bracelets, dégager le poignet des manchettes, retirer les bras des manches, faire passer un bras après l'autre par la collerette, faire glisser l'habit sur les talons.

INSTRUCTION DES PLONGEURS.

APPRENTISSAGE DES PLONGEURS SANS HABIT EN CAOUTCHOUC.

Tout homme se sert naturellement du réservoir-régulateur, et tout matelot doit pouvoir travailler sous l'eau, après les exercices suivants :

Faire respirer le plongeur à l'air libre. Lui recommander de respirer très-naturellement comme un homme endormi ; il y a toujours, lors d'un premier essai, de la précipitation dans les mouvements d'aspiration et d'expiration.

N'envoyer plonger un homme que lorsqu'il a bien pris l'habitude de respirer avec calme.

FAIRE MOUILLER LE PLONGEUR SANS L'AP-PAREIL. — Si on néglige cette précaution importante, le froid produit par le contact de l'eau saisit le plongeur et s'oppose aux mouvements de dilation de la poitrine.

Le plongeur mouillé, le faire mettre dans l'eau jusqu'au cou; le faire respirer avec l'appareil, puis lui faire enfoncer la tête sous l'eau, et ne le laisser descendre qu'au fur et à mesure qu'il s'habitue et qu'il trouve du bien-être à ce mode de respiration, uniquement par la bouche. On suit très-aisément le mode de respiration du plongeur en voyant arriver les bulles d'air expiré à la surface de l'eau. Si l'homme est oppressé, s'il conserve quelque anxiété, sa respiration est fatigante, précipité; l'air expiré arrive à la surface d'une manière presque continue.

Si le plongeur a pris l'habitude de l'appareil, il respire à pleins poumons avec le calme d'une personne endormie.

Les bulles d'air arrivent à la surface à des intervalles égaux. En les suivant avec une montre à secondes, on les voit se succéder avec une régularité parfaite toutes les trois ou quatre secondes, suivant le plongeur.

Le plongeur en descendant sous l'eau éprouvera de plus en plus de la facilité à respirer. Cela tient à ce qu'il est soumis, à mesure qu'il s'enfonce, à une plus grande pression. L'air que fournit à sa respiration le réservoir régulateur est de plus en plus comprimé, sa circulation est plus rapide, il paraît plus frais et plus pur aux poumons.

Le défaut principal des plongeurs novices est d'ouvrir les lèvres dans le mouvement d'aspiration, et d'introduire ainsi de l'eau dans le tuyau sous le plateau; cette eau, lorsqu'il y en a une quantité notable, vient à la bouche dans le mouvement d'aspiration; il faut donc que les plongeurs respirent sans ouvrir les lèvres.

Leur recommander de sucer, pour ainsi dire, le tuyau d'aspiration.

Dès qu'un homme suit bien les recommandations précédentes, ce qui a ordinairement lieu au bout d'un quart d'heure, il est apte à tout travail sous l'eau.

Il avale sa salive très-facilement.

Il peut tousser dans son tuyau au moment de l'expiration.

YEUX. — L'action de l'eau de la mer sur les yeux est tonique; cependant lorsqu'un homme non accoutumé à l'eau plonge pour la première fois, il a ordinairement les paupières un peu rouges. Cet effet disparaît au second ou troisième exercice.

Néanmoins, si l'on plonge dans une eau bourbeuse ou chargée de chaux, ou si l'on veut faire un travail de longue durée, il faut faire descendre le plongeur revêtu de l'habit en caoutchouc.

OREILLES. — Si l'on tient à éviter la sensation de l'eau dans les oreilles, il faut boucher ces dernières avec un peu de coton imbibé d'huile.

APPRENTISSAGE

des plongeurs avec l'habit en caoutchouc.

Faire habiller les plongeurs complétement.

Les faire respirer artificiellement.

Bien leur expliquer qu'ils ne doivent *ja-mais* respirer par le nez l'air qui est dans l'habit, et qui ne se renouvelle qu'avec de l'air expiré. Dans ce but, *les faire toujours* descendre, dans les premiers essais, avec le pince-nez en bronze.

Quand il est habitué à la manœuvre de l'appareil, un plongeur breveté peut se passer de tout pince-nez, mais il faut qu'il prenne toujours, dans le réservoir-régulateur, l'air qu'il envoie dans ses poumons.

Apprendre aux plongeurs à envoyer l'air expiré dans leur habit et à se gonfler et se dégonfler à volonté, en ouvrant ou fermant le robinet d'évacuation d'air avec la main droite.

Apprendre aux plongeurs à quitter et à prendre le ferme-bouche : mouvement qu'ils

3

exécutent aisément en saisissant le masque avec les deux mains., Leur faire remarquer que cette manœuvre est encore bien plus facile sous l'eau, parce que le masque est soutenu par l'air renfermé dans l'habit et obéit à un très-léger mouvement de la main le poussant sur la bouche.

Leur apprendre que s'ils quittent le ferme-bouche, ils peuvent, en évacuant un peu d'air par le robinet, replacer le ferme-bouche entre les lèvres. En effet, la pression de l'eau fait baisser et coller le masque contre la figure.

Les faire asseoir, mettre à genoux, etc., exécuter tous les mouvements qu'ils auront à faire sous l'eau pour produire un travail efficace, et leur montrer qu'ils jouissent d'une grande liberté de mouvements, quoique enfermés dans l'habit. Leur apprendre les signaux de convention et les leur faire répéter.

Cette instruction préliminaire étant faite à l'air libre, les faire plonger en observant les recommandations suivantes : descendre lentement au fur et à mesure qu'ils se trouvent très-bien.

S'exercer à avaler leur salive.

Garder le plus d'air possible dans leur habit, respirer lentement et bien étudier leur mode de respiration jusqu'à ce qu'ils se trouvent très-librement.

S'exercer à quitter et à reprendre le ferme-bouche, leur faire remarquer que, lorsqu'ils quittent le ferme-bouche, l'air de l'habit passe dans le tuyau de respiration et va s'échapper par la soupape d'expiration; s'exercer à gonfler et à vider l'habit, à mettre, au moyen de l'air expiré, la glace bien devant les yeux pour se livrer commodément au travail ordonné; se baisser, s'agenouiller, se rouler au fond. Voir à bien prendre toutes les positions nécessitées par toute espèce de travail, remonter lentement.

CONSEILS AUX PLONGEURS.

En suivant l'instruction précédente, tout matelot peut exécuter un travail quelconque sous la carène d'un navire, sans danger ni fatigue.

Avec un appareil bien entretenu il a les sé-
curités suivantes :

Il est indépendant du mouvement de la
pompe, son état est constamment contrôlé
par les bulles d'air expiré qui viennent sur la
surface et par les oscillations de l'aiguille du
manomètre.

En cas de rupture de la pompe ou des
tuyaux, il a une petite provision d'air dans
un réservoir qui lui permet de respirer pendant deux ou trois minutes : temps nécessaire
pour revenir à la surface.

Il peut, en outre, quelle que soit l'avarie,
se débarrasser de ses souliers et de son réservoir-régulateur et revenir en nageant.
Il devrait dans ce cas faire attention à ne pas
donner trop d'élan pour remonter, car il pourrait se heurter avec trop de force et se blesser
en revenant à la surface.

Lorsqu'il plonge avec l'habit, la déchirure
soudaine et complète de son habit ne le met
pas en danger. L'habit est une simple protection contre le froid et la pression de l'eau,
tout à fait indépendant de son système res-
piratoire. Un plongeur exercé peut employer

très-utilement son appareil de la manière
suivante :

PLONGER SANS HABIT, NI SOULIER, NI
PLOMB DE DOS. — Le régulateur déplaçant à
peu près un volume d'eau égal à son poids,
le plongeur est absolument libre de ses mou -
vements : il peut nager ayant le régulateur
sur le dos.

Arrivé au point où il veut plonger, il se
laisse couler lentement ; il peut revenir à
la surface en nageant. S'il a de la peine à
s'enfoncer, en se lestant d'un demi-kilog.
ou d'un kilog. de plomb mis dans sa poche
ou à la ceinture, il exécutera aisément cette
double manœuvre de monter et descendre à
volonté.

Cette manière de plonger exige un homme
habitué à l'appareil ; elle peut rendre de très-
grands services dans les cas pressés.

On ne doit pas non plus plonger de cette
manière dans des profondeurs de plus de
10 à 15 mètres. Les changements de pression
trop brusques fatigueraient beaucoup le plongeur.

3.

PLONGER AUX TRÈS-GRANDES PROFONDEURS.

Descendre et remonter *très-lentement* si l'on se sent oppressé; si l'on éprouve des bourdonnements d'oreilles en descendant, remonter de 1 ou 2 mètres et avaler plusieurs fois sa salive, l'équilibre se rétablira. Ne redescendre que lorsque l'on se trouve bien.

Si les oppressions et les bourdonnements d'oreilles, les maux de tête persistent, ne pas lutter et remonter lentement. Tout homme d'une santé ordinaire peut sans aucun inconvénient plonger avec le réservoir-régulateur sous les plus grands navires. Mais pour aller aux très-grandes profondeurs de 30 à 50 mètres, il faut des plongeurs habitués à supporter la pression de cette colonne d'eau. L'appareil, quelle que soit la profondeur, donnera toujours de l'air à la pression ambiante; mais il ne peut rien contre l'effet de cette pression sur le corps du plongeur.

Néanmoins, en suivant bien la règle indidiquée, les plongeurs atteindront de très-grandes profondeurs.

En remontant *très-lentement*, l'homme évite de passer brusquement d'une pression considérable à la pression atmosphérique. En s'arrêtant de temps en temps en remontant, il se décomprime régulièrement.

En négligeant cette précaution, le plongeur s'expose aux plus graves accidents. Sa vie peut en dépendre.

Je conseille, pour plonger à une très-grande profondeur, de mettre pour remonter une minute par 1 ou 2 mètres de profondeur.

Ainsi, toutes les fois qu'on le pourra, on mettra de vingt à quarante minutes pour remonter de 20 à 40 mètres de profondeur.

Il est beaucoup plus important de remonter que de descendre *lentement*.

MANŒUVRE DES POMPES.

Pour la manœuvre des pompes, il faut que les pompeurs maintiennent l'aiguille du manomètre à une pression supérieure à celle qui agit sur le corps du plongeur.

On sait, en effet, que le jeu du régulateur est basé sur l'excès de pression de l'air contenu dans le réservoir inférieur sur la pression du milieu ambiant.

Le corps de l'homme plongé à 10 mètres supporte deux atmosphères de pression, à 20 mètres trois atmosphères, et ainsi de suite.

Nous adopterons comme règle pratique, d'avoir toujours un excès de pression d'une atmosphère.

Le manomètre étant gradué en mètres de profondeur, lorsqu'un plongeur sera sous l'eau, le quartier-maître ou le sous-officier qui dirige le travail derva veiller à ce qu'on ne laisse jamais manquer d'air le plongeur. Pour cela, l'aiguille ne doit jamais descendre au-dessous de la division qui indique le nombre de mètres de profondeur.

On peut, sans aucun inconvénient, lui donner une pression beaucoup plus forte.

Recommander aux pompeurs d'aller tou-

jours à fond de course à chaque coup de piston.

Les pompes ayant le piston couvert d'eau n'ont pas d'espace nuisible, et tout le travail des pompeurs est ainsi utilisé.

ENVOYER DEUX PLONGEURS AU TRAVAIL. — Si l'on envoie les deux plongeurs en même temps sous l'eau, alimentés par la même pompe à air, il n'y a pas d'autre précaution à observer que de maintenir la pression ; mais si l'un des plongeurs est déjà sous l'eau et que l'on veuille y envoyer le second, il faut faire attention à la manière de changer le second réservoir-régulateur. Si l'on ouvrait, en effet, en grand le robinet du second réservoir-régulateur, l'air contenu dans le premier se précipiterait dans le second ; la pression baisserait instantanément de moitié, et le plongeur serait exposé à manquer d'air pendant quelque temps.

On doit, dans ce cas, faire pomper plus fortement et ouvrir progressivement le robinet, en surveillant l'aiguille du manomètre et en ne laissant pas tomber la pression.

ENTRETIEN DE L'APPAREIL

ENTRETIEN DE LA POMPE. — Entretenir la pompe à air comme les pompes ordinaires. Quand on doit s'en servir d'une manière constante, garder les chapeaux, les corps de pompe, les godets et les balanciers, polis, ou au moins dans un état de propreté préservant de toute oxydation ; avoir soin de bien nettoyer les clapets si l'on veut avoir une pompe très-douce à manœuvrer.

Quand on ne s'en sert qu'à d'assez longs intervalles, mettre à sec toutes les pièces après la fin du travail ; veiller à ne pas détruire le rodage de la soupape du piston, en la frottant avec un corps dur ; l'essuyer avec du linge sec.

ENTRETIEN DES TUYAUX. — L'entretien des

tuyaux n'exige aucun soin particulier, il faut, après qu'ils ont été plongés dans l'eau, les faire sécher sans les exposer à un soleil ardent. C'est une règle générale pour les objets en caoutchouc.

Entretien du réservoir-régulateur. — Après s'être servi du réservoir-régulateur, on doit toujours le démonter. Enlever le couvercle, la soupape d'expiration, le cercle de serrage, l'écrou de la tige, la calotte, la soupape en bronze d'aluminium.

Vider, par le trou taraudé de la soupape d'aluminium, l'eau que la pompe a envoyée dans le réservoir.

Ne pas laisser oxyder les différentes parties du réservoir-régulateur, et les entretenir proprement. Peindre l'appareil avec une peinture conservatrice du métal.

Entretien des accessoires. — Fourbir les différentes parties en cuivre, et ne pas les laisser toujours en contact avec les objets en caoutchouc, ferme-bouches et calottes, qui noirciraient promptement le cuivre.

Après s'être servi de l'habit, le faire sécher à l'ombre en le retournant.

MASQUE. — Ne pas serrer à fond la glace sur sa monture. Sans cette précaution, la rondelle de caoutchouc adhère trop fortement hors de l'eau à la monture de la glace.

AVARIES QUI PEUVENT SE PRÉSENTER

Lorsqu'on se sert d'une pompe neuve, il peut arriver que la pompe ne fonctionne pas, les cuirs étant secs et les pistons emmanchés très-librement.

Couvrir d'eau les pistons, et laisser les cuirs s'imbiber pendant quelque temps.

La pompe fonctionnant, faire aspirer l'eau des godets et noyer ainsi les soupapes.

Dès que l'eau sort par les bouts filetés, pomper quelques instants et ne serrer les raccords des tuyaux sur les réservoirs-régulateurs que lorsque la pompe envoie de l'air humide au lieu d'un mélange d'eau et d'air.

On évite ainsi d'envoyer trop d'eau dans le réservoir-régulateur.

4

La pompe ayant servi une ou deux fois, on n'aura plus à employer ces précautions.

Un des corps de pompe peut voir son fonctionnement gêné ou même interrompu pour un des quatre motifs suivants :

1° L'eau ne couvre pas les pistons ;

2° Un corps étranger, tel qu'un petit éclat de bois pris par le corps de pompe, ou même la graisse figée d'une pompe mal entretenue, empêche une des deux soupapes de fonction;

3° Les garnitures du chapeau de la pompe laissent fuir l'air ;

4° Les vis pressant le cuir du piston sur la bague en cuivre, se dévissent et laissent passer l'eau et l'air.

Indiquer ces avaries, c'est donner le moyen d'y remédier.

En enlevant le boulon qui sert d'axe au balancier et élevant en l'air les corps de pompe, on a sous les yeux tous les organes de la pompe.

La soupape du piston est fixée de manière à pouvoir être enlevée à la main et visitée immédiatement.

TUYAUX. — Les tuyaux ne sont sujets à d'autre avarie que la rupture sur un point faible. Dans ce cas, il faut changer la partie qui laisse fuir l'air. On coupe la partie avariée et l'on ajoute les deux bouts sur un raccord cylindrique garni de crans qui s'impriment au moyen d'une ligature extérieure sur le caoutchouc. On a soin d'enduire le raccord et l'intérieur du tuyau de caoutchouc liquide, au moment où l'on enfonce le raccord dans les deux bouts du tuyau. Il peut aussi se présenter une fuite à l'endroit où le tuyau s'applique sur la douille que porte le cône ; il faut alors refaire cette ligature. On évitera cette avarie, la plus probable, après un long usage des tuyaux, en ayant soin lorsqu'on serre et desserre les tuyaux, de se servir uniquement de la clef et de ne pas faire force avec la main sur la douille. En tournant et retournant cette douille on décolle le tuyau qui a été fortement collé en fabrication sur cette douille, et l'on facilite le genre de fuites que nous venons de signaler.

RÉSERVOIR-RÉGULATEUR. — La calotte en

caoutchouc peut être déchirée, elle doit alors être changée. Dans le cours d'une longue campagne on pourrait la réparer, comme l'habit en caoutchouc, au moyen de la feuille en caoutchouc laminé et de la pièce de toile de rechange.

. La soupape en bronze d'aluminium, la pièce la plus importante de l'appareil, n'est pas susceptible d'avarie : il n'y a qu'à l'entretenir toujours à sec, en nettoyant bien les rainures, et en préservant ses différentes parties de l'oxydation, toujours très-lente sur le bronze d'aluminium.

Tuyau de respiration. — On doit, lorsqu'on fait la ligature du tuyau de respiration, éviter de le couper avec le fil à voile ou de laiton. Il est bon de placer entre le fil et le tuyau un morceau de toile sur laquelle se fait la ligature.

Lorsqu'on travaille avec l'habit en caoutchouc, il est exposé à être percé. Pour réparer un trou fait à l'habit, bien le laisser sécher, appliquer autour du trou une couche de caoutchouc liquide, coller une feuille de

caoutchouc laminé pur par-dessus la déchirure, enduire une feuille de toile préparée,
d'un diamètre double du trou, la coller par-
dessus le caoutchouc laminé et laisser sécher.
L'imperméabilité est de nouveau obtenue.

CHANGER UNE MANCHETTE OU UNE COLLE-
RETTE DÉCHIRÉE. — La manchette est cousue
avec la toile de l'habit. Une feuille de caoutchouc laminé recouvre la couture, et deux
bandelettes de toile préparée cachent complétement la couture et les feuilles de caoutchouc. Pour changer une manchette déchirée, enlever les bandelettes et le caoutchouc
laminé, enlever la manchette déchirée, coudre
la manchette neuve et cacher avec le caoutchouc pur la couture. Enduire de caoutchouc
liquide les bandelettes de toile préparée et les
coller par-dessus les feuilles de caoutchouc
pur. Le changement d'une collerette avariée
s'effectue identiquement comme celui d'une
manchette déchirée.

4.

NETTOYAGE

DE LA

CARENE DES NAVIRES

ET

TRAVAUX SOUS FLOTTAISON

Dispositions relatives à l'appareil.
— Bien monter son appareil et sa pompe.
Voir que la calotte obéit bien au moindre
mouvement du poumon sans que la tige
grippe; que la soupape d'expiration n'est
point gênée pour s'ouvrir; enfin que les
joints du cercle de serrage des tuyaux sont
bien serrés. Fixer la pompe dans un canot
ou sur le pont du navire.

Bien nettoyer avec un chiffon sec l'intérieur des cylindres, et vérifier que le rôdage
des soupapes, des pistons est bien propre,
puis injecter de l'eau dans la pompe et noyer
les soupapes.

Faciliter le joint hydraulique en ouvrant avec la main le cuir si la pompe n'a pas servi depuis longtemps. Dans le cours du travail, ne jamais *graisser avec une matière grasse qui fait coller les clapets*. Tenir les cuirs secs en dehors du travail, les cylindres et les clapets parfaitement propres, et n'employer que de l'eau dans l'intérieur de la pompe.

Dispositions relatives au navire. — Construire une échelle en corde, à barreaux en bois ou en fer, assez longue pour aller de la quille du navire à un mètre au-dessus de la flottaison.

Fixer sur chaque extrémité de l'échelle un cartahut, passer l'échelle en ceinture sous le navire et roidir les faux-bras, de manière à ce que l'échelle soit bien appliquée contre le navire du côté où l'on doit nettoyer la carène.

Construction de l'échelle. — Une échelle de quinze mètres suffit pour travailler sur les plus grands navires cuirassés. On espace les barreaux de $0^m,33$, excepté pour les deux premiers mètres près de la flottaison, ou on les place à $0^m,25$ l'un de l'autre. Ainsi rapprochés, ils facilitent les mouvements du plongeur, si en remontant il appuie ses pieds, qui sont très-lourds, sur les marches.

Une pomme en bois ou en filin se place sur l'échelle, à côté de chaque barreau, de manière à empêcher celui-ci de coller contre le bord. Sans cette précaution, le plongeur devant avoir son échelle bien roidie, ne pourrait pas crocher et décrocher aisément le croc de sa tringle de suspension. Les barreaux ont habituellement $0^m,70$ de longueur, de telle sorte qu'un plongeur peut, sans faire changer son échelle de place, nettoyer une section de $2^m,70$ de largeur environ.

Tringle de suspension ou marche-pied. — Le plongeur emporte avec lui la tringle de suspension ou marche-pied (planche 2). Elle est faite d'un barreau de fer de $0^m,02$ de diamètre et de $0^m,80$ de longueur. Ce barreau est suspendu horizontale-

ment par une patte d'oie terminée par un
croc à 0^m,80 environ du barreau.

Ce marchepied est destiné à servir de
siége au plongeur. Une fois sous l'eau, le
plongeur croche le croc au barreau de l'é-
chelle, puis il sa'ssoit sur la tringle en fer.
Il met dans son habit la quantité d'air nécessaire pour ne pas peser et se trouver commodément maintenu le long du navire, et il
travaille ainsi ou penché en arrière, s'il est
sous la quille. Dans cette dernière position,
l'air de son habit le maintient sans qu'il fasse
effort sur la tringle, et l'air du réservoir-
régulateur lui arrive aussi aisément qu'à la
flottaison.

L'échelle qui ceintre le navire doit être
parfaitement roidie, et le plongeur doit se
tenir toujours en dehors de cette échelle,
assis sur son marchepied. En mettant plus
ou moins d'air dans son habit, il monte ou
descend, accroche ou décroche son marche-
pied, va d'un barreau à l'autre, au fur et à
mesure de son travail.

Échelle d'embarcation. — La pompe

étant placée sur le pont, il faut une embarcation pour mettre le plongeur à l'eau et l'em-
barquer. Dans les cas de beau temps, on fixe
très-souvent la pompe à air sur l'avant de
l'embarcation. Dans ce but, on construit par
les moyens du bord une échelle, ou on emploie une des échelles de la machine d'une
longueur suffisante pour qu'elle s'enfonce
dans l'eau de 1^m,50. On fait avec une tringle
de fer ou de bois un arc-boutant de 1 mètre
de longueur qui lui donne (planche 2) l'in-
clinaison nécessaire, et on amarre cette
échelle sur un des côtés de l'embarcation.
Le plongeur s'habille dans l'intérieur du canot, il descend sur l'échelle d'embarcation
placée en face de l'échelle de ceinture, et il
n'a qu'à se tourner pour prendre l'échelle de
ceinture, et descendre sous le navire. De
même, lorsqu'il remonte, se trouvant toujours vertical, il vient à l'aplomb de sa corde
de signal, et il trouve près de son pied la
première marche de l'échelle d'embarcation,
et il monte aisément à bord.

Cette disposition est très-importante, sans
elle il est très-fatigant pour le plongeur de

se hisser avec tous ses poids dans le canot.

Avoir soin de faire assez plonger l'échelle d'embarcation pour que le plongeur en remontant trouve sans effort, avec son pied, la première marche.

Dispositions relatives au plongeur.

— Habiller avec soin le plongeur pour qu'il puisse séjourner longtemps sous l'eau sans faire une goutte d'eau. Choisir ses bracelets proportionnellement à la grosseur de ses poignets. S'il a les poignets très-gros, couper par le milieu un des bracelets. La nouvelle paire ainsi formée sera beaucoup plus souple. *Pour plonger sous la carène, les plombs de côté sont inutiles,* mettre simplement les plombs de dos et de tête.

Pour marcher sur le fond, il faut, au contraire, les plombs de côté et avoir soin de les mettre un peu sur l'avant des hanches pour équilibrer parfaitement le poids du réservoir régulateur. Il y a dans ce but plusieurs anneaux à la chaine de plomb. Le plongeur fera attacher son plomb à l'anneau qu'il jugera convenable pour placer son plomb assez sur l'avant pour travailler aisément sur le fond, et *généralement dans l'habit les plongeurs n'emploient jamais le pince-nez*. Le plongeur ainsi équipé, attache à son poignet l'instrument dont il va se servir, descend l'échelle d'embarcation, prend l'échelle de ceinture et le marchepied; il se rend à l'endroit où il veut travailler, accroche son marche-pied au barreau de l'échelle, passe ses jambes dans le marche-pied et travaille assis sur la tringle.

Il nettoie à longueur de bras sur l'avant de l'échelle, puis entre les barreaux, et à longueur de bras sur l'arrière de l'échelle. Sa lèze bien nettoyée, il met de l'air dans son habit, il monte ainsi tout seul le long de l'échelle de ceinture, et vient dire d'avancer l'échelle de tant de mètres sur l'avant ou sur l'arrière. On roidit à bord l'échelle dans cette nouvelle position; pendant ce temps, le plongeur se tient debout à la flottaison gonflé d'air, ou sous la carène, assis sur son marchepied.

Le plongeur doit, pour ne pas se fatiguer, garder le plus d'air possible dans son habit.

Il peut dans ce cas quitter son ferme-bouche et parler au plongeur qui travaille à côté de lui.

En prenant bien l'air pur dans le régulateur pour sa respiration, et en gardant bien l'air de son habit pour ne pas être incommodé par la pression, un plongeur exercé doit travailler de 4 à 7 heures par jour sous la carène. De 2 heures à 3 heures 30 minutes le matin, et de 2 heures à 3 heures 30 minutes le soir, et nettoyer par heure de 6 à 12 mètres carrés de surface suivant le degré de saleté de la carène.

Signaux employés. — Les signaux se font habituellement sur la corde de sûreté.

Le signal doit toujours être répété par l'embarcation et par le plongeur, suivant celui qui le donne.

Les signaux usités sont les suivants :

Un coup sur la corde signifie :

C'est bien. Ou :

Êtes-vous bien?

Deux coups signifient :

Donnez-moi plus d'air.

Les pompeurs ne surveillent pas l'aiguille du manomètre et laissent tomber la pression.

Quatre coups signifient :

Remontez-moi. Ou :

Je veux que vous remontiez.

A ce signal le plongeur doit être remonté ou remonter immédiatement.

Les signaux trois coups, cinq coups, restent disponibles pour les mouvements des échelles ou les envois d'instruments.

On peut aussi augmenter la série des signaux en les faisant sur les tuyaux d'envoi d'air, ou en combinant les signaux sur le tuyau d'air et sur la corde de sûreté. On se sert surtout de ces signaux sur le tuyau pour guider la marche du plongeur sur le fond.

1 coup sur le tuyau signifie : C'est bien, travaillez où vous êtes.

2 coups : Marchez en avant.

3 coups : Marchez en arrière.

4 coups : Marchez à votre droite.

5 coups : Marchez à votre gauche.

En général, ne pas surcharger la mémoire

des plongeurs, ils doivent seulement parfaitement connaître les trois premiers signaux.

Ne jamais changer la signification des signaux.

Instruments employés pour le nettoyage de la carène. — Pour nettoyer la carène des navires, on emploie ordinairement :

1° La brosse végétale ;

2° La brosse métallique en fil de laiton ;

3° Le balai de lavage lesté avec un peu de plomb ;

4° La gratte en fer ou en cuivre.

Nettoyage de la cuirasse. — Pour nettoyer la cuirasse ordinairement peinte au minium, et sur laquelle il n'y a guère que du limon et à la longue des moules, on emploie la brosse végétale. Le plongeur l'attache par une chaîne métallique au poignet, et brosse la cuirasse assis sur son marche pied comme il brosserait dans le bassin. Il peut aussi employer le balai usité pour le lavage des batteries. On leste le balais avec du plomb et il balaye la cuirasse.

Recommander aux plongeurs de brosser le plus *légèrement* possible, afin de ne pas enlever le minium. Lorsque ce dernier est bien appliqué, la brosse végétale laisse une couche de·peinture suffisante pour la protection du fer.

A bord des navires où il y a des bandes de zinc, où les boulons des plaques portent des têtes en zinc destinées à garantir la cuirasse de l'effet électrique, on donne au plongeur une gratte tranchante pour bien gratter la bande de zinc et les têtes des boulons. En enlevant ainsi l'oxydation formée, ils augmentent l'effet préservateur du zinc. Cette opération peut être faite tous les jours dans deux heures sur la bande de zinc.

Nettoyages du cuivre. — Le cuivre se nettoie aussi à la brosse ou au balai de la même manière : si le navire a sa carène mal entretenue, il faut, pour enlever les petits coquillages ou les divers corps très-adhérents, la brosse métallique en fil de laiton. Éviter de rayer le doublage.

Enfin dans certains cas, lorsque le navire est très-sale, que les grosses coquilles, les huîtres couvrent la carène, on ne peut les détacher qu'avec la gratte (1).

Vérification du travail. — Les seconds maîtres, les quartiers-maîtres jouissent à bord des navires du supplément de 3 fr. par heure accordé aux travaux sous-marins. Le maître chargé de l'entretien de la carène tient un cahier où sont inscrits les noms des plongeurs et conforme au modèle (planche 4).

Il fait descendre tous les deux jours un second maître ou un quartier-maître qui vérifie et examine la manière dont le nettoyage a été fait. S'il trouve que ce travail n'a pas été parfaitement exécuté, il signale l'endroit où il se trouve ; on voit à la flottaison quel est l'homme qui a mal travaillé. Le plongeur est privé de son supplément. En cas de récidive, il est rayé de la liste des plongeurs.

(1) Les frégates cuirassées dont la carène n'est pas entretenue perdent dans un an, dans la Méditerranée, trois nœuds de vitesse. Ces navires, d'après les journaux du bord, filent à toute vapeur à la sortie du bassin 13 nœuds 5, mesurés sur les bases des îles d'Hyères avec 54 tours d'hélice. Dix mois après, dans les meilleures conditions, avec du bon charbon, la machine fonctionnant très-bien, 0m.66 de vide au condenseur par mer calme, les frégates donnent 51 à 62 tours et filent 9-8 à 10 nœuds au maximum.

RECOMMANDATIONS

AUX INSTRUCTEURS

Les hommes que l'on exerce à plonger dans les divisions des équipages de ligne sont souvent nouveaux au service. Pour les former rapidement, l'instructeur doit suivre exactement les recommandations suivantes:

Avoir une échelle pour descendre et surtout pour remonter, très-commode et ne fatiguant pas le plongeur.

Faire descendre les plongeurs novices au début à une *très-petite profondeur* ne dépassant pas quatre mètres.

Faire habiller le plongeur et le faire respirer à l'air libre, au moyen de l'appareil, pendant 10 minutes.

Lui apprendre, à l'air libre, à se gonfler en renvoyant l'air expiré par le nez dans son habit.

Lui apprendre, à l'air libre, à se dégonfler en ouvrant le robinet.

Lui apprendre, à l'air libre, à quitter et à prendre son ferme-bouche.

Visser la glace, et l'exercer, à l'air libre, à cette triple manœuvre.

1° Respirer et renvoyer l'air par la soupape d'expiration ;

2° Respirer et renvoyer l'air expiré par le nez comme la fumée d'une cigarette ; dans l'habit, se dégonfler en ouvrant le robinet ;

3° Prendre et quitter (la glace étant vissée) et placer le ferme-bouche. Faire descendre le plongeur sous l'eau, sans pince-nez. Lorsqu'il a bien compris cette leçon, lui mettre simplement le plomb de dos et les plombs de tête, et le garder *très-près de la surface*, de manière que l'instructeur puisse voir son masque et son habit. S'il prend bien l'air dans son régulateur, le laisser ainsi pendant 10 minutes.

S'il respire l'air contenu dans son habit, on voit ce dernier se coller sur le corps du plongeur. La poche formée par l'habit derrière la tête s'aplatit, et le masque se colle sur la tête du plongeur. Il faut alors le forcer à remonter, sans cela il *suerait à grosses gouttes et se trouverait très-gêné sous l'eau*. Le faire remonter, lui expliquer de bien prendre l'air dans le réservoir et de ne pas aspirer par le nez qui ne doit servir qu'à se gonfler d'air; ne pas passer à un autre exercice avant que le plongeur ne se soit parfaitement habitué à ce mode de respiration.

Le faire descendre à deux mètres et lui dire d'essayer de se gonfler de manière à monter tout seul à la surface de l'eau, sans toucher l'échelle, par le seul effet de l'air qu'il renverra par le nez dans son habit. Lui recommander, lorsqu'il veut monter ainsi, de bien fermer les lèvres sur son ferme-bouche.

Dès qu'il est remonté, l'amener avec la corde de sûreté à l'échelle, le faire redescendre à deux mètres et lui faire répéter quatre ou cinq fois cette manœuvre. Dans tout le courant de cette première leçon, avoir les hommes sous les yeux et par suite ne pas les laisser descendre à une profondeur de plus de quatre mètres, permettant de les voir et de pouvoir à chaque instant les faire revenir à la surface, de leur dévisser la glace et de leur adresser des observations.

De plus, quel que soit l'appareil, dès que l'on est soumis à une pression un peu considérable, les premières descentes sont presque toujours accompagnées de pressions douloureuses sur les oreilles. Ce phénomène tient uniquement à la pression ambiante, et a aussi bien lieu dans une chambre remplie d'air comprimé que sous l'eau. Cette sensation douloureuse diminue toujours et s'efface avec l'habitude. Si l'on envoie un homme à sa première descente à une certaine profondeur, cette pression sur les oreilles le trouble et l'empêche d'étudier et de se rendre un compte bien exact de son appareil tout en le décourageant. Pour ce motif il est très-important que les deux ou trois premières descentes aient lieu à *trois ou quatre mètres de profondeur.*

Deuxième Leçon. — On ne passe à la deuxième leçon que *lorsque les hommes possèdent parfaitement la première.*

Faire descendre le plongeur avec tous les plombs: plombs de dos, de tête et des côtés.

On doit toujours mettre tous les plombs pour marcher sur le fond : sans les plombs de côté, le plongeur serait trop léger et aurait de la difficulté à marcher ; en outre son réservoir-régulateur le tirerait légèrement en arrière. Le faire exercer a gonfler et à dégonfler son habit.

Lui apprendre la seconde manière de se gonfler qui consiste à quitter le tuyau de la bouche en se penchant en arrière assez pour que l'air se précipite tout seul dans l'habit : il faut, pour que cela arrive, que la soupape d'expiration soit plus basse dans l'eau que le ferme-bouche placé à l'extrémité du tuyau de respiration.

En effet, l'air se porte toujours au point où la pression est la moins forte ; si le plongeur étant vertical, lâche son tuyau, l'air de l'habit se précipite dans le tuyau de respiration et s'échappe par la soupape d'expiration, L'habit se colle sur le corps du plongeur. La pression de l'eau agit sur la calotte et un écoulement d'air continu a lieu au-dessous de la chambre à air ; l'habit et le réservoir se vident à la fois dans le tuyau de respiration.

Cet air s'échappe par la soupape d'expiration
si l'homme est droit ; la soupape d'expiration,
étant dans cette position la plus près de la
surface de l'eau ; mais si le plongeur se penche
en arrière de manière à ce que le ferme-
bouche, extrémité du tuyau, soit le plus rap-
proché de la surface de l'eau, la soupape
d'expiration est fermée par une pression plus
grande et l'air se répand dans l'habit.

Indiquer aux hommes ce fait particulier,
leur dire de se pencher en arrère et de remplir leur habit d'air en abandonnant leur tuyau
de la bouche dans cette position.

Leur indiquer qu'ils peuvent ainsi se repo-
ser dans un cas de fatigue ou après un effort
violent. Le plongeur se penche en arrière et
reçoit dans la bouche et le nez l'air froid qui
arrive par le tuyau. Les faire remonter tout
seuls en abandonnant l'échelle au moyen de
l'air expiré dans leur habit comme à la première leçon. Cette deuxième leçon doit encore
avoir lieu à une très-petite profondeur.

Troisième Leçon. — Le plongeur pos-
sédant bien les deux leçons précédentes est

apte au travail. L'envoyer clouer une planche, démailler une chaîne ou tout autre exercice sur le fond.

Il est encore plus important de lui apprendre à plonger sous un navire. Dans ce but, prendre les dispositions indiquées dans le chapitre précédent : ceintrer les navires avec l'échelle en corde, donner au plongeur le marchepied ou tringle de suspension, le faire asseoir sur la tringle et lui faire exécuter un travail de nettoyage ou de clouage. Ne mettre pour ce travail que les plombs de dos et de tête. Apprendre au plongeur qu'il peut quitter son ferme-bouche, parler et se faire entendre sous l'eau d'un plongeur placé près de lui. Terminer l'éducation d'un plongeur par le montage et le démontage complet de toutes les parties de la pompe et de l'appareil.

Paris. — Typ. L. Guérin, r. du Petit-Carreau, 2ð.

NETTOYAGE DE LA CARÈNE

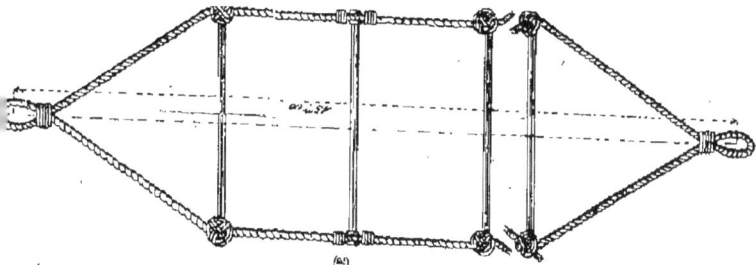

Echelle d'Epalonnation
(Th)

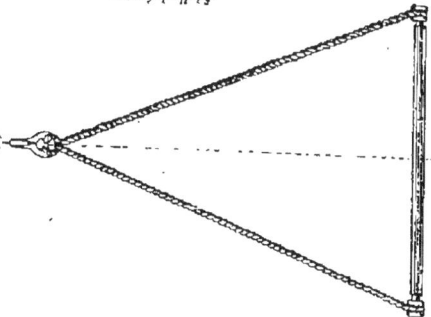

Treple de Suspension
(T3)

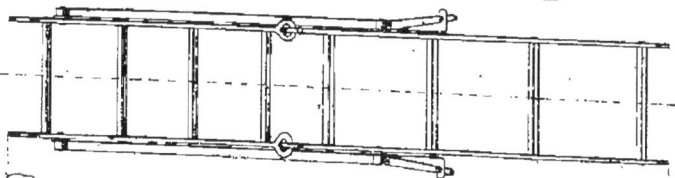

Etude de Cuirars
(T2)

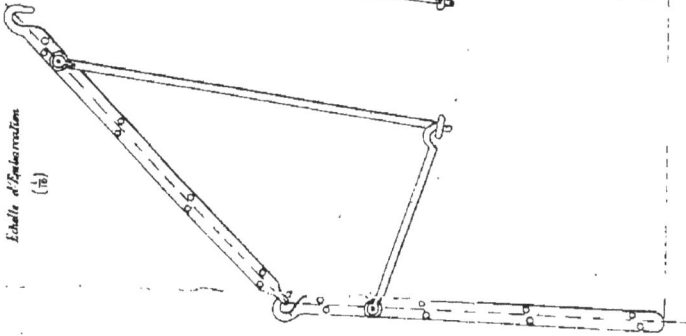

LÉGENDE

AAA Masque

B Glace

Un volume est placé sur la tête droit dynamique; il permet au plongeur de vider son habit et par suite de monter ou descendre à volonté du fond de l'eau

C Plombs de tête

D Tuyau de respiration

E Courroie de Poit. Reg.

F Réservoir-Régulateur

G Plomb de dos

H H Tuyau d'eau en clair

L L' Partie d'élan contenant ... os résidaires à la patte placée à la base du Poit Reg. et de la perche bretelle.

M Plombs de côte accroché

N Bretelles du Poit Reg. et du Plomb de côte

PP' Souliers à semelles de p...

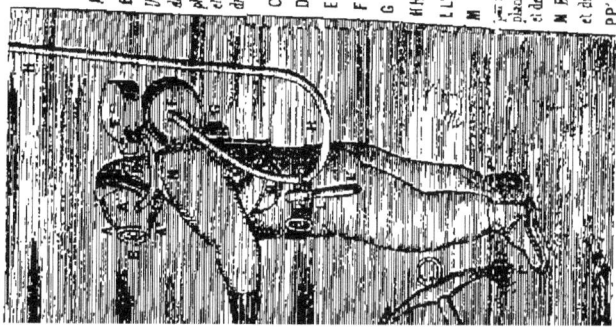

de l'habit protecteur en caoutchouc, du Ré-
r et des Plombs; pour les travaux de longue
... six à sept heures de séjour sous l'eau,
... Hydrauliques, Nettoyages de carène, etc

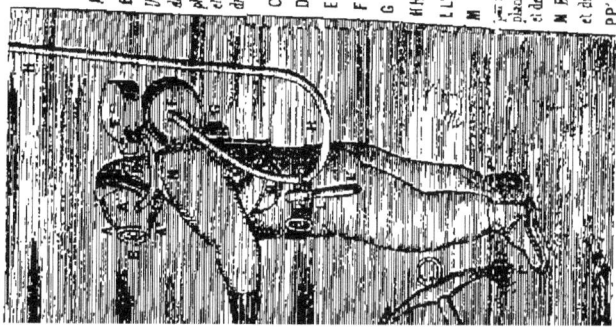

NETTOYAGE DE LA CARÈNE
Cahier du service des Plongeurs

MODÈLE POUR UN MATELOT-PLONGEUR

Nom .... Profession ....

PARIS — IMP. DE L. GUÉRIN, 26, RUE DU PETIT-CARREAU

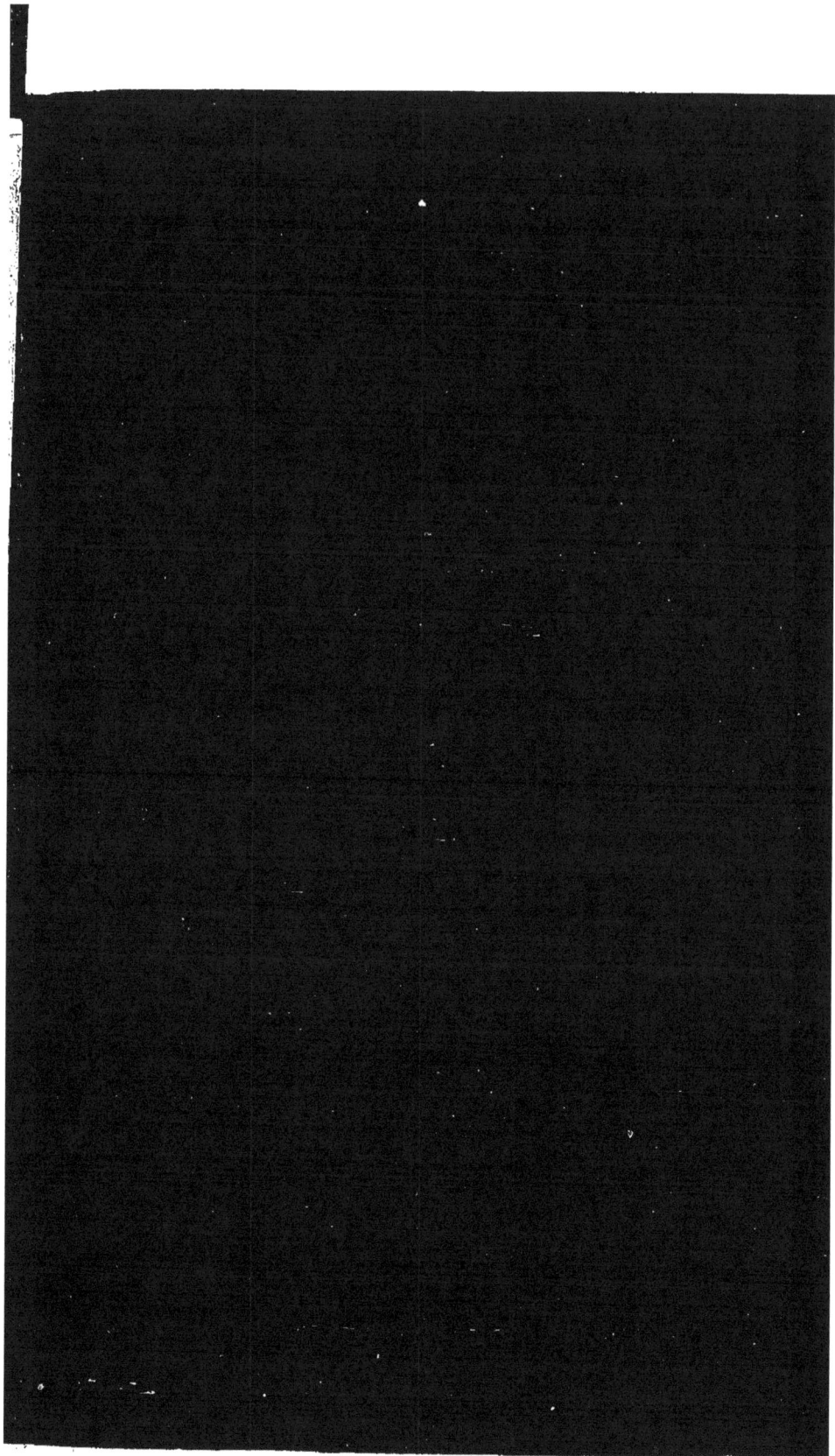

www.ingramcontent.com/pod-product-compliance
Lightning Source LLC
Chambersburg PA
CBHW071253200326
41521CB00009B/1745